火灾给人民群众的生命和财产带来巨大的损失，据统计在所有已发生的火灾事故中，由于电气原因引发的火灾占到 40% 左右，并有上升的趋势，电气火灾不容忽视。因此应广泛宣传安全用电和电气防火知识。

某小区发生一起火灾，事故源于女主人忘记将尚在工作状态的电熨斗的插头拔掉就出门，电熨斗发热将熨烫的衣物点燃，引发火灾。

小王边看电视边使用电炉煮面条，看得入迷，忘记了煮东西的事情，闻到煳味时锅已烧干，小王赶紧泼水，结果引发火灾。

小姜家 突着火 查原因 自惹祸
插线板 电器多 超负荷 线起火

某日中午，大火把小姜的家给烧了。起火原因为小姜图方便，把家里的多个大功率电器都接在一个插线板上，插线板长时间处于通电状态下超负荷运转，由于过热而引发火灾。

夏日炎热，某户空调室外机突然蹿起火苗，浓烟滚滚，所幸消防人员及时赶到将火扑灭。经查，住户空调已经用了 10 多年，超期服役，由于天气太热，几乎 24 小时不停地运转，再加上短时间内频繁起闭，造成空调压缩机电流急剧上升，绝缘失效，引发火灾。

某小区突发大火，周边居民立即拨打了 119 火警电话，大火被赶来的消防员扑灭，但屋内的物品几乎全被烧毁。事后，经有关部门调查得知，该起火灾是因为住户贪图一时便宜，在网上购买了劣质充电宝，充电宝在过充电的情况下发生爆炸，引起火灾。

一小区里存车棚突然起火，多辆电动自行车烧得面目全非，多亏巡逻的保安扑救及时，没引起更大损失。经查，因车棚内缺乏充电设施，车主私拉乱扯充电线路，导线线径过小，又未安装短路和过载保护装置。当多辆电动车同时长时间充电时，造成充电线路过载、发热，从而引发火灾。

一对夫妻租了两层楼，一层开熟食店，二层住人。某日老板娘用电吹风吹干衣服，没关吹风机就跑到楼下帮忙生意，吹风机过热引燃了衣物。导致二楼中的货物、衣服和几万元现金都被烧得精光。

某日福建占女士家中煤气泄漏，占女士回家后下意识开灯检查，不料灯一开，煤气爆炸，房子瞬间陷入火海。

某小区三天内电能表箱两次起火，虽然火灾很快被扑灭，但业主们仍然提心吊胆。事故原因是小区用电不正规，开发商没有及时将小区的工程用电转为居民用电，随着业主入住人数不断增多，用电量逐步增大，线路超负荷运转，导致线路绝缘层受到破坏而短路引发火灾。

电冰箱 蹿火苗 李老汉 端水浇
火未灭 焰更高 断电源 最重要

某日凌晨，李老汉被“哧哧”的声音吵醒，看到冰箱后边蹿出了火苗。老人慌慌张张端水灭火，结果火不但没灭，反而烧得更大了。需要注意：发生电气火灾，要先切断电源再灭火，同时用干粉、二氧化碳等灭火器扑救，切勿“浇水灭火”，容易引发爆炸和触电事故。

小刘在加油站自助加油，她将油枪插入车辆油箱口后整理了几下衣服下摆，当她的手触碰到正在加油的加油枪时，令人惊讶的一幕发生了：加油枪瞬间变成“火焰喷射器”，枪口冒出大火苗……最后工作人员即时赶到，收起加油枪，关闭加油枪，并拿起旁边的干粉灭火器灭火。

电动车 跑得快 出异响 须敏感
路边停 人远离 叫救援 防意外

陈先生开着电动车，行驶中的突然从座椅下面传出异响，有十几年驾龄的陈先生敏锐地察觉到危险，立刻将车子停到路边，迅速远离车辆，就在这时车子突然冒起了大火。原来是安装在底盘的电池在行驶中发生了磕碰，保护层破损，进而发生意外。引发的大火用了两辆消防车的水才扑灭。

铁塔下 盖鸡圈 致失火 因电线
鸡烧死 人寒心 毁线路 得赔钱

某肉鸡养殖场违章占用了高压线铁塔下面的高压走廊，鸡舍是用塑料布等易燃材料建成的临时大棚，因鸡舍用电线路设计不合理起火，火借风势迅速蔓延，不仅使养殖场刚刚购进的一万余只种鸡在瞬间化为乌有，还将鸡舍上方的 220kV 线路烧坏，造成停电。当地公安机关对该养殖场的经营者进行了传讯。

个体户 惹祸端 大负荷 私自连

表箱线 擅更改 引火灾 烧一片

某服装市场由 500 余家商户租赁经营，一个体户为了在原设计线路上增加大负荷取暖设备，擅自变更电能表接线，电能表箱线路过载引起火灾，导致整个市场被烧毁。

线老化 不更换 短路点 火花闪

房装修 选建材 易燃品 留隐患

某网吧着火，火势很快蔓延到楼上一家酒店，现场呼救声一片，有人从五楼跳下，事故造成 5 人死亡。后查明起火原因为网吧电线老化、绝缘不良，短路点产生的火花引燃网吧装修采用的可燃建材。

鲜花店 出事故 歌舞厅 挺无辜
年轻轻 丢性命 查原因 线短路

一鲜花店发生火灾，火苗引燃花店内大量干花、包装纸、塑料花等易燃物酿成大火。滚滚浓烟从窗户直接涌入二楼舞厅。舞厅内当时约有 200 人，20 多人被大火和浓烟吞噬了生命。经查，火灾原因是花店吊顶内照明线路短路，短路点起火引燃了易燃物。

车间里 冒了烟 致火因 是静电
白电油 擦地板 电核聚 出危险

某电子元器件生产车间冒出了浓烟，伴着噼啪的爆炸声火迅速烧了起来，导致现场的工人 3 死 1 伤。经分析，起火原因是员工违规用白电油擦洗地板。工作过程中，拖把与地面的摩擦聚集了危险的静电，引起爆炸和火灾。

某市一栋 28 层住宅正在进行外立面墙壁施工，由于电焊工无证上岗，违规操作，电火花引燃易燃尼龙包裹的脚手架，突发大火。在救援过程中，消防车云梯达不到着火大楼顶部的高度，云梯加上高压水枪只能到达大楼 2/3 高度，火势太大直升机不能靠近，阻挠了救援工作的顺利进行。

配电室 乱堆物 安全员 监管无

氨管道 大爆炸 不只因 线短路

某禽业公司由于安监部门监管不到位，值班人员在配电室堆放可燃物。某日配电室电气线路短路引燃可燃物，燃烧产生的高温导致氨设备和氨管道发生爆炸，大量氨泄漏参与燃烧，事故最终造成多人死亡。

某市中心医院发生火灾，造成 30 多人死亡，90 多人受伤，直接经济损失 800 多万元。事故原因是配电室电缆短路故障，引燃周围的可燃物，继而引发火灾。

造纸厂 起大火 忙救援 六天多
电缆头 生爆炸 两仓库 尝恶果

某市造纸厂发生了一起特大火灾，有关部门先后共投入 100 多辆消防车，600 多名消防官兵参加扑救，共用了 6 天时间才完全扑灭。起火原因是地下电缆发生爆炸，引燃两个仓库的印刷用纸。

某市一食品厂私建厂房，未经正规设计且未向有关部门申报验收。某日该厂保鲜恒温库内沿墙敷设的制冷风机供电线路接头过热、短路，引燃违规使用的墙面保温材料（聚氨酯泡沫），引发火灾，造成 10 多人死亡，多人受伤。

夏收忙 喜收获 拉麦秆 垒成垛
超高限 刮电网 致短路 车起火

某村用汽车拉麦秆， 由于所装麦秆超高，刮上带电的架空线路，引起两相搭连短路冒火，火星落在晒干的麦捆上，立即起火。